Gustave **REGELSP**

Les

TRANSPYRÉNÉENS

Ce qu'on peut en attendre

Extrait de la *REVUE POLITIQUE ET PARLEMENTAIRE*

(10 Octobre 1905)

Tirage avec quelques additions et notes nouvelles

Février 1906

Imprimerie
A. TRINCHANT
Toulouse.

Gustave REGELSPERGER

Les TRANSPYRÉNÉENS

Ce qu'on peut en attendre

Extrait de la *REVUE POLITIQUE ET PARLEMENTAIRE*
(10 Octobre 1905)

Tirage avec quelques additions et notes nouvelles

Février 1906

Imprimerie
A. TRINCHANT
Toulouse.

Les Transpyrénéens

Ce qu'on peut en attendre

La question des Transpyrénéens a été réglée par la Chambre des députés, qui a ratifié sans discussion les derniers accords intervenus entre la France et l'Espagne ; elle va être prochainement portée devant le Sénat.

Il convient de rechercher à quels besoins peut répondre la construction d'un ou de plusieurs Transpyrénéens et, d'après cela, de voir si la solution que les conventions ont donnée au problème et que la Chambre des députés a acceptée, permettra au pays de tirer d'une entreprise coûteuse tous les avantages qu'il peut en espérer.

Nous ne croyons pas que les solutions adoptées soient les mieux justifiées. Nous nous proposons de le montrer et nous faisons un pressant appel au Sénat pour qu'il veuille bien, avant de se prononcer, prendre une connaissance complète des intérêts qui doivent dicter sa décision.

Tandis que des voies nouvelles se sont, sur plusieurs points, ouvertes à travers les Alpes, offrant des facilités plus grandes aux communications et au trafic international, les Pyrénées sont demeurées entre la France et l'Espagne, comme une barrière interdisant toute relation entre les deux pays. Aux deux extrémités de la chaîne seulement, là où celle-ci s'abaisse vers la mer, deux chemins de fer avaient pu se faire un passage, l'un d'Hendaye à Irun, construit en 1864, l'autre de Cerbère à Port-Bou, ouvert quatorze ans plus tard ; ils suivent à peu près le trajet des anciennes routes et, comme elles, ils contournent, plutôt qu'ils ne traversent, la chaîne des Pyrénées. C'est donc entre ces deux voies que dut forcément se répartir tout le commerce par voie terrestre entre la France et l'Espagne.

Cette muraille des Pyrénées ayant une longueur d'environ 430 kilomètres en ligne droite, on fut amené à penser qu'il pouvait y avoir intérêt à établir des voies plus centrales pour passer d'un pays à l'autre et pour mettre en communication directe et pratique les régions qui, de part et d'autre, étaient trop éloignées des lignes existantes. Les deux gouvernements, de France et d'Espagne, à la sollicitation des populations intéressées, étudièrent d'un commun accord ce problème de l'établissement, à travers les Pyrénées centrales, d'une ou de plusieurs lignes de chemin de fer pouvant devenir, dans les deux pays, un instrument avantageux pour leur développement économique.

La question était restée depuis longtemps à l'étude et on pouvait désespérer de la voir aboutir quand, le 18 août 1904, une convention a été signée à ce sujet, entre M. Delcassé, ministre des Affaires étrangères, et M. de Léon y Castillo, ambassadeur d'Espagne à Paris. C'est cette convention qui vient d'être approuvée par la Chambre des députés, ainsi qu'un protocole additionnel du 8 mars 1905, à la suite du dépôt d'un rapport rédigé par M. Léon Janet, député, au nom de la commission nommée pour l'examen de cette question.

*
* *

La construction de chemins de fer transpyrénéens répond-elle à une réelle utilité et ne s'abuse-t-on pas sur l'étendue des résultats qu'on en peut attendre ? Entre les deux voies ferrées extrêmes et les routes maritimes de l'est et de l'ouest, peut-on espérer qu'une route commerciale nouvelle trouvera un trafic suffisant ?

On peut en douter et il semble probable qu'il s'écoulera un temps assez long avant qu'il existe entre la France et l'Espagne, par le milieu de la chaîne, un trafic très étendu.

Le rapporteur du projet de loi, M. Janet, l'a lui-même reconnu. « Les tracés transpyrénéens, dit-il, ne seront pas, au début tout au moins, des lignes productives ; ils donneront probablement de très petits bénéfices d'exploitation tout à fait insuffisants pour correspondre à l'intérêt des capitaux engagés. »

Les Transpyrénéens ne paraissent pas, en effet, devoir rendre au commerce international des services sérieux et, d'autre part, le trafic entre les deux pays n'est pas à lui seul de nature à rendre ces lignes suffisamment productives.

Par sa situation à l'extrémité de l'Europe, l'Espagne n'est pas sur les grandes routes mondiales du commerce international. L'Europe tout entière a intérêt à se frayer des passages à travers les Alpes pour y faire circuler ses produits et les conduire plus loin ; elle n'en a pas à s'ouvrir des routes au milieu des Pyrénées, car elle peut se passer de ces routes. Elle trouve au nord des Pyrénées, les ports qui la mettent en rapport avec le reste du monde : Hambourg, La Haye, Le Havre, Bordeaux, du côté de l'Atlantique ; Marseille, Gênes, du côté de la Méditerranée. Elle y trouve les paquebots qui prolongent, en quelque sorte, ses voies ferrées jusqu'aux pays d'outre-mer.

Au surplus, que les nécessités du commerce de l'Europe l'amènent à rechercher un port de sortie dans la péninsule ibérique, il n'aura nullement besoin pour cela d'une voie plus centrale que celles qui existent actuellement et il ne sera en rien gêné de traverser les Pyrénées par la ligne de l'ouest pour se rendre à Santander ou à Lisbonne, ou par la ligne de l'est pour gagner Barcelone ou Carthagène.

Si nous envisageons particulièrement la situation de la France, nous constaterons qu'elle n'a pas beaucoup plus que le reste de l'Europe d'intérêt à voir créer des routes nouvelles pour conduire ses produits au delà de la péninsule ibérique. Elle a sur les deux mers qui la baignent de grands ports par lesquels ses produits peuvent s'écouler sur n'importe quelle partie du monde, et elle n'a nul besoin de les faire passer par l'Espagne.

Par l'Espagne, il est vrai, la France peut se rapprocher de l'Afrique du Nord, et certaines régions de l'ouest et du centre pourraient trouver plus de facilités à passer par les Pyrénées centrales que par Marseille. Des lignes transpyrénéennes venant aboutir aux ports de Barcelone ou de Carthagène, par exemple, abrègeraient le trajet maritime en même temps que, dans son ensemble, l'itinéraire serait plus direct. Les voyageurs qui redoutent les traversées un peu longues y trouveraient aussi leur compte. Une ligne très rapide de navigation pourrait surtout être établie de Carthagène à Oran et si jamais un Transsaharien Oran—Aïn-Sefra—Touat—Tombouctou était construit, il pourrait trouver à Carthagène sa jonction avec l'Europe.

Qu'un Transpyrénéen central mette en communication plus directe Paris avec Madrid, et par Madrid avec des ports situés à l'ouest de Gibraltar, comme Cadix, ne pourrait-on pas par là abréger aussi la route qui conduit à notre Afrique occidentale et diminuer ainsi les fatigues qu'impose une longue navigation?

Enfin, de l'un des ports du sud de la péninsule, ne pourrionsnous pas accéder aussi plus facilement au Maroc où, notre situation étant réglée d'accord avec toutes les puissances, nous pourrons exercer une influence plus ou moins prépondérante?

Malheureusement, tous ces avantages sont plus apparents que réels; ce sont surtout de séduisantes illusions que donnent les lignes droites tracées sur les cartes géographiques, mais, dans la réalité des faits, il n'y a pas beaucoup à y gagner. Les diminutions de trajet ne seront obtenues qu'en empruntant des lignes dont la traction sera difficile, et qui, par conséquent, seront plus coûteuses et ne seront jamais des plus rapides. L'économie de temps et d'argent serait des plus problématiques.

De plus, pour diminuer de quelques heures la durée de la navigation, ce qui ne présente, d'ailleurs, aucune utilité évidente, c'est dans les ports étrangers que l'on irait décharger et embarquer les marchandises. Il n'y aurait ni économie, ni patriotisme à priver notre marine de ses transports pour en gratifier une voie ferrée étrangère et la marine des ports espagnols, comme Alicante ou Carthagène[1]. Cette façon de communiquer avec Oran ne répond à aucune nécessité, car si elle avait paru avantageuse, nous l'aurions vu depuis longtemps s'établir par Lyon, Perpignan et la côte orientale de l'Espagne.

Pour les relations mondiales de l'Europe, l'Espagne est un

[1] C'est ce qu'avait fait observer déjà le Conseil général des Hautes-Pyrénées (Session d'avril 1884).

point mort. L'Europe peut s'en passer sans en souffrir ; elle n'a pas besoin d'y pénétrer pour aller au delà vers les terres plus lointaines et elle trouve en deçà des Pyrénées, toutes les facilités de transport qu'elle peut désirer. « L'Espagne, disent MM. Marcel Dubois et Kergomard, est en dehors du mouvement international au sud-ouest, comme la Suède-Norvège l'est au nord-est [1]. » Aussi la question des Transpyrénéens n'a-t-elle préoccupé aucune des puissances européennes, et pour la France elle-même, l'absence de ligne centrale à travers les Pyrénées n'a jamais créé ni entrave, ni ralentissement, dans son commerce d'outre-mer.

L'Espagne elle-même n'aurait pas un intérêt primordial, pour ses communications avec l'Europe centrale, à avoir une route plus centrale à travers les Pyrénées, car s'il s'agit de gagner l'Italie, la Suisse, l'Allemagne, le commerce espagnol devra tout naturellement se reporter vers les routes de l'est, et il aura tout autant d'avantage à passer par Perpignan que par des routes plus occidentales. Quant à son commerce maritime, l'Espagne le fait par ses ports et elle n'a aucun intérêt à faire passer les Pyrénées à ses produits, pour les embarquer dans des ports français.

La création de Transpyrénéens ne paraît donc nullement s'imposer comme une nécessité pour les besoins du commerce international. Cette création ne peut se justifier qu'au point de vue des intérêts locaux. La question n'intéresse que les rapports de la France et de l'Espagne, et encore ces intérêts se limitent-ils aux contrées limitrophes de l'un et de l'autre pays.

L'industrie, malgré ses progrès réels, n'a pas encore pris en Espagne un tel développement qu'elle puisse fournir un aliment assuré à de nouvelles voies commerciales. La dénonciation des traités de commerce, en 1892, et l'établissement de tarifs prohibitifs ont pu, certes, contribuer à la relever, mais ce ne sont pas ces mesures qui faciliteront à ses produits le passage de la frontière.

D'autre part, les lignes à percer à travers les Pyrénées n'ouvriront pas des routes de beaucoup plus avantageuses que celles qui existent déjà. Assurément, elles pourront être plus courtes par rapport à certains points, mais comme la traction sera plus diffi-

---

[1] *Précis de géographie économique*, deuxième édition, 1903, p. 272.

cile, les tarifs seront forcément plus élevés ; il en résulte que les marchandises s'en détourneront autant qu'elles le pourront. Il est à remarquer que les compagnies de chemin de fer trouvent elles-mêmes plus d'avantage à diriger certaines marchandises par des parcours plus longs pour les transporter à des conditions moins onéreuses.

S'il est vrai que les Transpyrénéens donneront des raccourcis appréciables pour des régions limitrophes, que Bordeaux et Toulouse, par exemple, seront mis en rapports directs avec l'Aragon et la Catalogne, il ne pourra cependant s'établir entre ces régions voisines qu'un courant d'échanges relativement limité, parce que, de part et d'autre, les produits sont à peu près les mêmes.

Quant aux contrées les plus éloignées de la frontière, un Transpyrénéen ne paraît pas devoir fournir une route sensiblement plus courte. Pour s'en rendre compte, on n'a qu'à tracer, sur une carte d'Espagne, une ligne diagonale du nord-est au sud-ouest du pays et l'on comprendra aisément que, pour beaucoup de régions, il n'y aura pas un très grand intérêt à se détourner des lignes de l'est et de l'ouest pour se reporter vers une ligne centrale. Il y aura toujours plus de facilités à descendre vers la mer qu'à gravir les plateaux qui forment le centre de la péninsule ibérique.

Cependant, il serait inadmissible de dire que la construction de Transpyrénéens doive être sans résultats utiles pour les relations commerciales de la France et de l'Espagne.

La situation commerciale de l'Espagne a dû, pendant longtemps, sa très grande infériorité à l'insuffisance de ses routes et de ses voies ferrées. Il a été reconnu que la production minérale, en particulier, serait beaucoup plus considérable si les voies de communication ne faisaient souvent défaut. Le développement, — qui a été un peu tardif, — de son réseau de chemins de fer, a favorisé un épanouissement nouveau de l'industrie et un accroissement du commerce[1].

---

[1] L'Espagne, qui n'avait que 4,800 kilomètres de voies ferrées en 1865 et 9,200 en 1885, en avait, en 1890, 13,048. Le commerce a suivi une progression correspondante. En 1864, le total du commerce de l'Espagne était de 827,361,000 francs (importations : 474,148,000 francs ; exportations :

Il y a donc lieu d'espérer que l'ouverture de lignes à travers les Pyrénées centrales contribuera encore à accroître le rendement du pays en offrant à quelques-uns des produits des débouchés plus faciles.

On peut d'autant mieux espérer quelques heureux effets de la construction des Transpyrénéens sur nos rapports commerciaux avec l'Espagne, que, malgré la baisse considérable causée par la guerre des tarifs, la France vient immédiatement après l'Angleterre, dans les échanges commerciaux de l'Espagne [1].

Elle occupe, en réalité, le premier rang dans le commerce terrestre de l'Espagne, car celle-ci ne peut faire avec l'Angleterre qu'un commerce maritime. Après la France viennent les États-Unis, avec lesquels le commerce, forcément maritime aussi, présente un grand écart avec celui de la France. La situation de la France est donc très favorable, et elle ne peut que s'améliorer.

Malgré tout, l'accroissement des relations commerciales entre la France et l'Espagne ne sera pas, pour le moment au moins, aussi accentué qu'il pourrait l'être.

Une première difficulté provient de la différence d'écartement

---

353,212,000 francs[1]. Vingt ans après, en 1884, le chiffre total s'élève déjà à 1,398,836,000 francs (importations : 779,643,000 francs; exportations : 619,192,000 francs). En 1900, le total a atteint : 1,586,265,000 francs, se répartissant ainsi : importations : 862,397,000 francs; exportations : 723,868,000 francs.

[1] Le commerce entre l'Espagne et l'Angleterre se chiffrait comme suit en 1901, 1902 et 1903 :

	Importations de l'Angleterre en Espagne	Exportations de l'Espagne en Angleterre	Totaux
1901......	198,379,095 fr.	272,273,799 fr.	470,652,894 fr.
1902......	187,299,126 fr.	308,462,767 fr.	495,761,893 fr.
1903......	183,538,286 fr.	314,202,668 fr.	497,740,954 fr.

La France vient, après l'Angleterre, avec les chiffres suivants :

	Importations de France en Espagne	Exportations d'Espagne en France	Totaux
1901......	134,813,040 fr.	155,958,963 fr.	290,772,003 fr.
1902......	142,295,589 fr.	152,408,875 fr.	294,604,464 fr.
1903......	147,825,288 fr.	192,784,794 fr.	340,610,082 fr.

des rails sur les voies françaises et sur les voies espagnoles. En France, l'écartement est de 1ᵐ44 ; en Espagne, il est de 1ᵐ73. Il en résulte que, pour faire passer des marchandises de France en Espagne ou réciproquement, elles ne peuvent rester dans les mêmes wagons et que des transbordements sont nécessaires, ce qui entraîne des frais et des pertes de temps. Malheureusement, il n'est guère à espérer que l'unification de la largeur des voies soit faite de sitôt [1].

Une autre cause, beaucoup plus grave, qui met une entrave aux relations franco-espagnoles, mais à laquelle, heureusement, il pourrait plus facilement être remédié, c'est l'absence de traité de commerce.

Les relations franco-espagnoles resteront toujours très inférieures à ce qu'elles devraient être, tant que les deux pays ne seront pas arrivés, au moyen de concessions réciproques, à une entente économique. C'est ce qui faisait dire à M. Henri Lorin : « Pour développer les relations franco-espagnoles, un traité de commerce vaudrait mieux que plusieurs Transpyrénéens [2] » ; il est assurément inutile de faire un Transpyrénéen si l'on ne revise d'un commun accord les tarifs douaniers.

Depuis la mise en vigueur du régime douanier de 1892, les relations commerciales de la France et de l'Espagne sont régies par le *modus vivendi* du 1ᵉʳ février 1892, renouvelé le 30 décembre 1893. Il a frappé un très grand nombre d'articles de fabrication française : machines, tissus, articles de Paris, etc., etc., de taxes douanières très élevées, ce qui équivalait à établir un tarif prohibitif. La France a presque fermé en même temps son marché aux vins espagnols, qui étaient alors le principal objet d'exportation de la péninsule.

La diminution qui s'est produite dans le commerce des vins entre la France et l'Espagne a été considérable. Tandis qu'en 1891, il venait en France pour 343 millions de francs de vins espagnols, il n'en est plus venu que pour 46 millions en 1901.

---

[1] On a bien songé à un système d'essieux interchangeables, grâce auquel les mêmes voitures pourraient passer d'une voie à une autre malgré les différences d'écartement ; mais ce système est assez peu pratique.

[2] *Bulletin d'agriculture et de viticulture*, 1ᵉʳ décembre 1901. — Voir aussi : ... janvier 1902, p. 25.

Cette situation est aujourd'hui presque irréparable. Avant la dénonciation du traité, l'Espagne, qui n'était pas phylloxérée, envoyait beaucoup de vin en France et une grande partie lu¡ revenait après des coupages et des soins, qui en augmentaient la valeur. Les tarifs prohibitifs rendant cette façon de faire impraticable, les Espagnols ont outillé leur industrie du vin et, dans la Catalogne surtout, ils se sont mis à traiter et à soigner leurs vins à la façon bordelaise, ce qui leur permet de se passer de la coopération de la France. En même temps, la reconstitution des vignobles français fait qu'on s'adressera toujours moins chez nous à l'Espagne pour avoir des vins de coupage.

Beaucoup de Chambres de commerce protestèrent, des deux côtés de la frontière, contre un régime aussi nuisible aux intérêts économiques des deux pays. Une Union pour l'amélioration des relations commerciales entre la France et l'Espagne, constituée le 19 mai 1903, sous la présidence de M. Lourties, ancien ministre du Commerce, travailla à amener un rapprochement économique. Mais ce rapprochement se heurte, de part et d'autre, à des résistances énergiques basées sur des intérêts particuliers. En Espagne, c'est la Catalogne, province active et très peuplée, où l'industrie a fait des progrès énormes, qui aspire à diriger les destinées économiques du pays entier et c'est d'elle que part l'opposition la plus intransigeante et la mieux armée contre tout projet de traité de commerce [1].

Il ne faut cependant pas désespérer de l'avenir et l'entente relative aux Transpyrénéens sera peut-être le premier pas vers une entente sur la question économique, tellement les deux questions ont entre elles une étroite connexité. Aussi ne peut-on qu'approuver M. Jules Legrand, député des Basses-Pyrénées, d'en avoir montré le lien, à la séance du 26 mai 1905 et, avant de voter le projet de loi approuvant la convention touchant les Transpyrénéens, d'avoir donné connaissace d'une délibération de la Chambre de commerce de Bayonne, en date du 9 janvier 1905, demandant en même temps que le vote de ce projet de loi par le Parlement, « que des négociations soient activement

---

[1] Henri Lorin, dans les *Questions diplomatiques et coloniales*, 1er janvier 1904.

poursuivies entre la France et l'Espagne pour arriver, au moyen de concessions réciproques, à une entente qui permette le développement des échanges entre les deux nations [1]. »

Ce désir n'était-il pas peut-être déjà dans l'esprit du roi d'Espagne, lorsque, répondant au toast du Président de la République, il considérait l'accueil qui lui était fait comme « l'éclatante manifestation d'un accord parfait sur les questions qui intéressent principalement l'Espagne et la France, accord qui contribuera à resserrer davantage les liens déjà si forts et si nombreux qui unissent deux peuples auxquels les Pyrénées vont offrir bientôt de nouvelles voies de communication. »

Ce qu'il faut, en effet, c'est resserrer les liens entre les deux peuples, au moment où des facilités plus grandes de communication leur sont offertes. Il faut que les deux peuples soient attirés l'un vers l'autre par l'intérêt autant que par l'amitié, et ils le seront si un traité de commerce les engage à renouer de façon plus active leurs relations commerciales ; c'est alors qu'ils se serviront des portes ouvertes. Mais percer les Pyrénées et s'en tenir là, c'est remuer beaucoup de terre sans résultat utile. Les travaux envisagés coûteront très cher et nous avons vu que, dans l'état actuel des choses, le rendement des lignes transpyrénéennes ne peut être que très faible, comme le reconnaît d'ailleurs lui-même le rapporteur du projet de loi, M. Janet. Le seul moyen de rendre cette grande entreprise profitable pour les deux pays, c'est donc d'abaisser les barrières douanières, qui, depuis quinze ans, s'élèvent entre eux.

*
* *

Mais où convient-il d'ouvrir une nouvelle Brèche de Roland ? La question a fait couler des flots d'encre, agite les Conseils

[1] [illegible]

généraux et les Chambres de commerce, et excité la verve élo-
quente des orateurs méridionaux. On a été ambitieux et on ne
s'est pas contenté d'un Transpyrénéen, on en a voulu plusieurs.

Aujourd'hui l'accord s'est fait sur certains tracés qui sont mis
en première ligne par les conventions intervenues, mais ce choix
appelle des observations.

Sans remonter aux premières études faites depuis 1855, relativement aux chemins de fer transpyrénéens[1], nous rappelons que
les négociations engagées depuis longtemps entre la France et
l'Espagne aboutirent, vers la fin de 1883, à la nomination d'une
Commission internationale, qui fut chargée de choisir entre les
divers tracés en présence.

Les délégués français demandaient, conformément aux avis
formulés par le Conseil général des Ponts et Chaussées, l'établissement de deux lignes internationales, l'une de Paris à Saragosse
et Madrid, par Mauléon et Roncal, l'autre de Paris à Carthagène, par Saint-Girons et Lérida[2]. De leur côté, les délégués
espagnols étaient d'avis qu'une seule nouvelle ligne internationale
par Oloron et Jaca était immédiatement nécessaire, mais ils
demandaient, pour le cas où les délégués français insisteraient en
faveur de la construction d'une deuxième ligne à l'est de la
première, que cette ligne passe par le Val d'Aran.

Après deux séries de conférences qui eurent lieu à Paris en
février et en mai-juin 1884 sans amener d'entente, la Commission décida d'entreprendre une tournée pour examiner sur place
les principaux tracés proposés. Au cours de cette tournée un
accord provisoire intervint entre les délégués des deux pays. Pour
la ligne occidentale les délégués français renonçaient à leurs pré-

[1] Dès le dix-huitième siècle, l'intendant d'Etigny avait conçu le projet de
relier directement Paris à Madrid, par une route transpyrénéenne. Voir :
Abbé François Marcaux : *Un projet de route transpyrénéenne à la fin du dix-
huitième siècle* (Bulletin de Géographie historique et descriptive, 1899, n° 3,
p. 150). — Nous rappelons aussi qu'en 1808, un ingénieur de Toulouse,
Vanole, présenta à Napoléon, qui passait dans cette ville, un plan de communications pyrénéennes, auquel l'Empereur s'intéressa, mais ces plans ne
furent pas exécutés.

[2] Ce sont les deux lignes que, dès 1881, M. de Planet avait proposées, au
nom de la Chambre de commerce de Toulouse. Voir : *Chambre de commerce de Toulouse. Chemin de fer à travers les Pyrénées centrales.* Rapport
par M. DE PLANET. (Toulouse, 1881, in-8°.)

férences pour le tracé Mauléon-Roncal et acceptaient le tracé Oloron-Jaca demandé par les délégués espagnols. Pour la ligne orientale les délégués espagnols abandonnaient la voie du Val d'Aran, et acceptaient le tracé Saint-Girons, Sort, Lérida, demandé par les délégués français. Une convention définitive fut signée à Madrid le 13 février 1885.

La convention prévoyait donc l'établissement simultané de deux chemins de fer nouveaux reliant, respectivement *Saint-Girons à Lérida*, par la vallée du Salat, le port de Salau et les vallées du Noguera-Pallaresa et du Sègre, et *Oloron à Zuéra*, par la vallée d'Aspe, le col du Somport et les vallées du Rio-Aragon et du Gallego [1].

La construction des deux lignes devait s'effectuer dans les dix années qui suivraient l'échange des ratifications du traité. Les deux gouvernements firent bien poursuivre des études relativement à ces deux lignes, mais ils ne soumirent pas la convention à l'approbation de leurs Parlements respectifs, en sorte qu'elle garda le caractère d'une entente provisoire.

En 1893, le gouvernement espagnol demanda qu'une nouvelle Commission internationale fût réunie en vue d'étudier certaines modifications de la convention de 1885; le projet de Convention du 30 avril 1894, qu'elle élabora, resta à l'état de projet. La question fut reprise dans une nouvelle Conférence qui se réunit en 1903-1904, et de laquelle sortit la convention du 18 août 1904.

Aux deux lignes déjà prévues en 1885, la nouvelle convention en ajouta une troisième, d'Ax-les-Thermes (Ariège) à Ripoll. Mise en tète dans l'énumération donnée par la convention, elle est décrite ainsi :

« La première partira d'Ax-les-Thermes (Ariège), traversera

---

[1] La Chambre de commerce de Toulouse, aux efforts et à la persévérance de laquelle est due, pour une bonne part, la conclusion de la convention du 13 février 1885, n'a pas cessé, depuis vingt-cinq ans, de réclamer la construction de la ligne de Saint-Girons à Lérida, acceptant en même temps la ligne plus orientale désirée par l'Espagne. La question des Transpyrénéens ayant été reprise en 1903, devant le Congrès des Chambres de commerce tenu à Toulouse, cette assemblée approuva à l'unanimité, le 23 mai, un rapport de M. Girard, qui concluait à l'exécution des deux tracés Saint-Girons-Lérida et Oloron-Jaca. Voir : *Chambre de commerce de Toulouse. Réunion des Chambres de commerce de la région du Sud-Ouest organisée par la Chambre de commerce de Toulouse, tenue à l'hôtel de la Bourse le 23 mai 1903.* (Toulouse, 1903.)

en tunnel le col de Puymaurens, coupera la frontière aux environs de Puigcerda et de Bourg-Madame, franchira en tunnel le col de Tosas, et s'embranchera à Ripoll, sur le chemin de fer de Granollers à San-Juan-de-las-Abadesas. »

La seconde ligne prévue est celle d'Oloron à Jaca et Zuéra, la troisième, celle de Saint-Girons à Lérida.

L'article 2 de la convention indiquait, comme suit, les délais fixés pour l'exécution de ces lignes :

« Les deux gouvernements s'engagent à exécuter chacune des trois lignes susdites le plus rapidement possible et, en tout cas, dans un délai maximum de dix années.

« Pour chacune des deux premières, qui doivent s'embrancher, en Espagne, sur des lignes déjà actuellement ouvertes à l'exploitation, ce délai courra du jour de l'échange des ratifications de la présente convention.

« Pour la troisième, qui doit s'embrancher, en Espagne sur la ligne non encore exécutée de Lérida à la frontière, par la vallée du Noguera-Pallaresa, ce délai courra du jour de la notification, par le gouvernement espagnol au gouvernement français, de l'achèvement de la section de Lérida à Sort de ladite ligne. »

Il résultait de cette disposition que les deux premières lignes étaient assurées de recevoir leur exécution dans un délai maximum de dix années, tandis que la troisième pouvait être repoussée à une époque indéfinie, puisque le délai de dix années pour la construire ne partait que de la date d'achèvement d'une ligne qui n'est pas commencée, et dont la construction était laissée au bon vouloir de l'Espagne.

En vue de remédier à une clause qui était presque l'abandon de cette troisième ligne, un protocole additionnel du 8 mars 1905 a déclaré que la notification de l'achèvement de la section de Lérida à Sort devra être faite par le gouvernement français dans un délai maximum de dix ans. Si cette troisième ligne ne peut être terminée aussi tôt que les deux premières, au moins peut-on être assuré ainsi qu'elle recevra aussi son exécution.

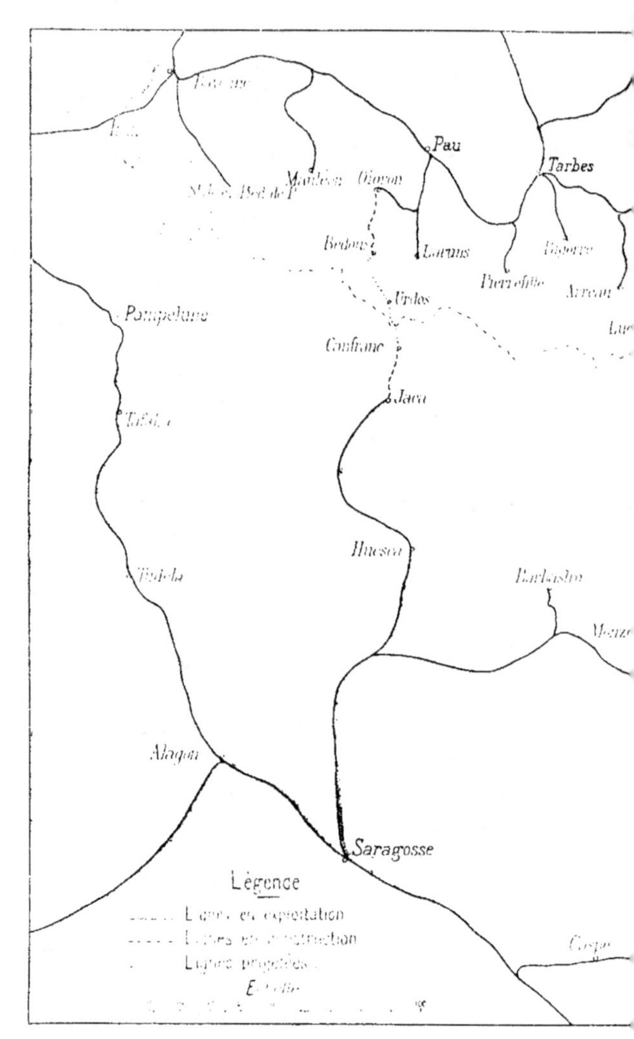

CARTE DES CHEMINS D

LA REGION PYRENÉENNE

*
* *

Ainsi, on est resté depuis bientôt trente ans sans autres lignes entre la France et l'Espagne que celles qui passent à l'une et à l'autre extrémité des Pyrénées, et voilà que tout à coup on veut ouvrir en même temps trois percées centrales. N'aurait-il pas mieux valu commencer par une ligne centrale unique en choisissant le tracé le plus avantageux pour les deux pays? Cet essai étant fait, on aurait vu ensuite s'il y aurait utilité à doubler cette première ligne de lignes nouvelles pour satisfaire à d'autres intérêts. Au lieu de procéder ainsi, on songe à faire trois lignes, alors qu'on ne sait même pas si une seule ligne pourrait être rénumératrice des dépenses énormes qui seront faites[1].

Il paraît donc sage et prudent de modifier sur ce point la convention de 1904. Au lieu de trois lignes, qu'on n'en fasse qu'une, en réservant toutefois l'avenir. Mais à laquelle faut-il donner la priorité ?

*
* *

L'une des trois lignes prévues doit être délibérément écartée, c'est celle d'Ax à Ripoll, qui ne figurait pas dans la convention de 1885, et qui a été ajoutée dans celle de 1904.

Très rapprochée de la ligne des Pyrénées orientales qu'elle ne ferait que doubler, elle viendrait finir à Barcelone et ne desservirait pas le centre de l'Espagne.

---

[1] M. Juppont, ingénieur des Arts et Manufactures, estime que si les Transpyrénéens devaient être des lignes à grand trafic, il vaudrait mieux n'en faire qu'une, en prenant le tracé le plus central, et, en ce cas, ses préférences seraient pour la ligne Luchon-Vénasque-Monzon. Mais il lui paraît préférable de répartir les dépenses entre plusieurs tracés de moindre trafic, au lieu de les concentrer sur un seul point, car on mettra en exploitation, dans diverses vallées, des richesses naturelles qui existent sur les hauts versants dépourvus de tous moyens de communication. Voir la conférence faite par M. P. Juppont à la Société de Géographie de Toulouse, le 13 février 1905 : *Les Transpyrénéens peuvent-ils assurer le grand trafic ou doivent-ils être des affluents internationaux des grands réseaux français et espagnols?* (Toulouse, 1905, tirage à part.) — Voir aussi : *Les Transpyrénéens. Mémoire présenté à la Commission chargée de rapporter le projet de convention franco-espagnole du 18 août 1904 par la Société d'études du Transpyrénéen Luchon-Vénasque-Monzon.* (Bagnères-de-Luchon, janvier 1905, in-8º.)

Assurément cette ligne aboutirait aux districts les plus indus-triels de l'Espagne, mais, trop courte, elle ne saurait créer aucun trafic nouveau et, même au point de vue local, elle ne paraît devoir apporter aucune facilité au commerce.

L'avantage qu'on pourrait lui trouver consiste à raccourcir cer-tains trajets de quelques heures. La distance de Paris à Barce-lone par l'itinéraire le plus court, viâ Neussargues — Port-Bou, est actuellement de 1.109 kilomètres ; par Ax-Ripoll, il serait de 1.037 kilomètres. Il y aurait un raccourci de 72 kilomètres. De Toulouse à Barcelone, la distance actuelle par Cerbère — Port-Bou est de 427 kilomètres, elle ne sera que de 320 kilomètres ; d'où un gain de 107 kilomètres. Mais ce ne sont là que des avantages apparents, car en raison de la difficulté plus grande de traction, « il est bien douteux, dit M. Janet, dans son rap-port, qu'il y ait économie de temps à utiliser la nouvelle ligne. »

L'itinéraire le plus court de Paris à Barcelone, avons-nous dit, s'établit par Neussargues. Mais cette ligne présente elle-même un profil si défavorable, que déjà on l'évite et qu'on lui préfère une route plus longue, mais meilleure. Le rapport de M. Janet nous apprend qu'une entente est intervenue entre les Compagnies P.-L.-M. et du Midi, pour acheminer les marchan-dises par Lyon-Tarascon. Ce dernier itinéraire est même regardé comme plus court pour les voyageurs, puisque le train de luxe, circulant trois fois par semaine entre Paris et Barce-lone, viâ Lyon, n'emploie que dix-neuf heures un quart pour le trajet. Encore moins empruntera-t-on la ligne d'Ax-Ripoll.

Une ligne internationale, comme celle d'Ax-Ripoll, atteignant 1.567 mètres d'altitude, se présente dans les plus mauvaises conditions, et il est à craindre que l'exploitation n'en soit fré-quemment interrompue durant l'hiver [1]. Il faudrait pour attein-dre ce point culminant, faire un tunnel de faîte de 5,020 mètres de développement, sous le col de Puymaurens, ayant son entrée à 1.481 mètres dans la haute Ariège, et sa sortie à 1.554 mètres, à une altitude qui est celle des neiges une partie de l'année. Le tunnel viendrait aboutir en Cerdagne, pays situé au fond d'un

---

[1] Voir, sur les difficultés d'exploitation de cette ligne : *A propos des che-mins de fer transpyrénéens*, par M. le comte H. Bégouën. (*Questions diplo-matiques et coloniales*, 16 décembre 1904.)

cirque fermé de tous côtés par de hautes montagnes ; pour en sortir, on devrait creuser un second tunnel, d'environ 6 kilomètres, qui doublerait la difficulté de la traversée montagneuse.

Sur ce tracé, les voies françaises et espagnoles déjà exploitées ne sont séparées, il est vrai, que par 110 kilomètres, mais il faut percer deux tunnels représentant ensemble 11 kilomètres, la ligne devant couper perpendiculairement les murailles nord-est et sud-ouest qui encadrent la Cerdagne. Elle se heurte à des difficultés techniques qui rien ne vient compenser. En 1881, M. Croisette-Desnoyers, inspecteur général des Ponts et Chaussées, disait de ce tracé : « Cette direction est complètement inadmissible [1]. » Le mieux est donc d'abandonner une ligne aussi dénuée d'avantages.

. .

Les deux autres lignes, celle d'Oloron à Jaca et Zuéra, et celle de Saint-Girons à Lérida ont, sur la précédente, cette très grande supériorité de ne pas venir mourir à la côte après un faible parcours et de gagner les régions du centre de l'Espagne en se tenant suffisamment écartées des deux lignes de l'est ou de l'ouest. L'une et l'autre aussi sont à une altitude moindre que celle d'Ax-Ripoll. Si elles doivent être aussi très coûteuses, au moins peut-il y avoir des compensations à espérer. Mais l'une comme l'autre seront d'une exécution difficile ; la traction sera pénible et on ne peut pas espérer qu'elles détournent à leur profit le trafic des lignes latérales.

Voici cependant quels seraient leurs avantages respectifs.

La ligne d'Oloron à Jaca est dirigée ensuite sur Zuéra et Saragosse, et par là, elle se prolonge sur Madrid. Elle peut assurément drainer les produits de l'Aragon, des Castilles et des pays plus méridionaux, et ouvrir ainsi des débouchés à quelques contrées éloignées des deux lignes extrêmes.

Elle ne procurera qu'un bien faible raccourci entre Paris, Saragosse et Madrid. La distance de Paris à Madrid via Irun est de 1.460 kilomètres ; par Oloron-Jaca-Saragosse on ne

---

[1] Léon JANET, *Rapport*, p. 28.

gagnera que 25 kilomètres. De Paris à Saragosse, par Irun on
compte 1.157 kilomètres ; par Oloron-Jaca, il n'y en a plus que
1.086, soit une diminution de 71 kilomètres. Mais en raison de
ses fortes pentes, la nouvelle ligne ne sera pas empruntée par les
trains express de Paris à Madrid ; à peine même aurait-on intérêt à s'en servir de Paris à Saragosse.

Par contre, cette ligne donnerait une abréviation de 212 kilomètres de Toulouse à Saragosse, si on la compare à la voie
qui passe par Irun. Et pourtant, même entre ces deux points,
le trafic de la ligne paraît devoir être très réduit. Bien que
Saragosse soit une ville de 100.000 habitants et un centre agri-
cole important, les relations avec Toulouse ne sont pas très
suivies.

Les difficultés de construction ne seront pas moindres que
pour la ligne d'Ax-Ripoll. Lorsque la ligne d'Oloron à Bedous
(25 kilomètres), concédée à la Compagnie du Midi par la loi
du 17 juillet 1886, sera achevée, et on peut prévoir qu'elle le
sera en 1906, il restera encore une lacune de 80 kilomètres à
construire entre les points extrêmes des voies françaises et
espagnoles, Bedous et Jaca. La frontière sera franchie par un tunnel long de 7.800 mètres qui s'ouvrira, en France, à 1.006 mètres
d'altitude et, en Espagne, à 1.195 m. 50. Après ce tunnel il
y aura, en Espagne, un souterrain hélicoïdal de 1.520 mètres de
développement.

Cette ligne sera très coûteuse et elle ne conduira certaine-
ment pas à un rapport rémunérateur entre le revenu et le sacri-
fice [1]. Les évaluations faites vers 1880, pour le trafic probable
de la ligne ont conduit, d'après le rapport de M. Janet, au chiffre de 20.000 francs par kilomètre. En 1893, une commission
technique l'a réduit à 10.000 francs.

Bien que cette ligne se présente dans des conditions économiques très défavorables, l'Espagne y tient pour des raisons
politiques. Elle voit avec faveur un tracé qui, par Canfranc,
viendrait déboucher dans l'Aragon, pays de loyalisme, et lui
assurerait la sécurité de ses communications avec Bordeaux.

[1] Voir la remarquable étude de M. Ch. Durossel, *Chemins de fer projetés
à travers les Pyrénées centrales. Bulletin de la Société de Géographie de
Toulouse*, n° 6, p. 377-518).

.*.

Que penser maintenant de la ligne Saint-Girons—Lérida? Placée par la convention de 1904, dans une situation tout à fait secondaire, par rapport aux deux autres, il a fallu que le protocole du 8 mars 1905 vînt lui rendre quelque chance de recevoir un jour son exécution.

La défaveur dans laquelle elle se trouvait mise ne venait pas de ce qu'elle présentait de moindres chances d'avenir, mais uniquement de ce qu'une lacune beaucoup plus grande existe ici entre les lignes française et espagnole. Le Transpyrénéen proprement dit irait d'Oust, en France, à Sort, en Espagne. Du côté français, il reste seulement à achever une ligne de Saint-Girons à Oust, longue de 16 kilomètres, qui a été concédée à la Compagnie du Midi par la loi du 27 juillet 1897, et dont les travaux ont été commencés en 1904. Mais du côté espagnol, il y aurait à faire une ligne de 160 kilomètres, de Lérida à Sort. Aussi le gouvernement avait-il abandonné, tout d'abord, toute idée de faire un Transpyrénéen dans cette direction, par suite de l'obstacle de fait qui résultait du non achèvement de ces 160 kilomètres, et la Compagnie du Midi s'était, elle aussi, désintéressée de ce tracé.

Mais il s'est produit, fort justement, en faveur du tracé Saint-Girons à Lérida, un mouvement très accentué, particulièrement à Toulouse, dont la majorité du commerce se fait avec l'Espagne. Depuis longtemps déjà, la démonstration des avantages de ce tracé était faite d'une façon décisive[1].

---

[1] *Projet de percement du mont Géou dans les Pyrénées centrales et construction d'un chemin de fer international de Toulouse à Lérida par la vallée du Salat (Ariège) et par celle de la Noguera-Pallaresa (Catalogne).* Proposition de M. Aristide FERRERE (Paris, 1857, in-4°. — L'auteur montre la supériorité du passage par Salau comme trafic, sécurité et facilité d'exécution; son projet comporte un tunnel en ligne droite de 6.100 mètres et il est à noter que la traction des voyageurs dans ce tunnel se serait faite au moyen de chevaux.

Voir aussi : *Questions ariégeoises. Etude préliminaire sur le choix du point de passage du chemin de fer international à travers les Pyrénées centrales.* Extrait du journal *L'Ariégeois* et publié par le Conseil municipal de Saint-Girons (Foix, 1876). — *Chemin de fer du Noguera-Pallaresa. Etude* succincte publiée par ordre de la Junte de défense des intérêts économiques

Les idées précédemment émises en ce sens et que le D' Bordes-Pagès en particulier, avait si énergiquement soutenues, furent reprises et c'est avec une vigueur nouvelle qu'à partir de 1904, on recommença à défendre le projet d'une ligne centrale, par la vallée du Salat, en France, et celle du Noguera-Pallaresa, en Espagne.

Le 12 septembre 1904 fut constitué dans ce but un Comité du Transpyrénéen central (Saint-Girons—Lérida , sous la présidence de M. Galy-Gasparrou, député de Saint-Girons, avec M. le comte Bégouen comme secrétaire général. Ce dernier en fut l'âme ; il avait déjà entrepris depuis plusieurs années en faveur de ce projet une campagne très active, dans la presse et par de nombreuses conférences, et il donna à l'action du Comité une vive impulsion.

C'est à la suite des démarches faites par les représentants des pays intéressés et par les membres de ce Comité, que le sort de cette ligne fut l'objet d'un examen plus attentif de la part du gouvernement.

Le Comité du Transpyrénéen central envoya des délégués auprès de la Commission des travaux publics de la Chambre des députés, chargée d'examiner le projet de loi portant approbation de la convention franco-espagnole du 18 août 1904, relative aux chemins de fer transpyrénéens. Ces délégués au nombre de trois, MM. J. Sentenac, ancien député, président d'honneur du Comité, H. Bégouen, secrétaire général, et A. Escaich, secrétaire, furent reçus, le 11 février 1905, par la Commission à laquelle ils présentèrent des observations sur les divers tracés envisagés [1].

Les délégués exposèrent en détail tous les avantages du tracé

---

de la province de Lérida et rédigée par don Francisco PRATS Y CORNELL, secrétaire de cette Junte, traduite de l'espagnol par M. X .., conducteur des Ponts et Chaussées, avec une note préliminaire par le D' BORDES-PAGÈS. sénateur de l'Ariège (Foix, 1893). — GALY-GASPARROU, *Chemin de fer du Haut-Salat* (sans date).

[1] *Observations présentées à la Commission des travaux publics de la Chambre des députés, chargée d'examiner le projet de loi portant approbation de la Convention franco-espagnole du 18 août 1904*, par MM. SENTENAC, ancien député; BÉGOUEN et ESCAICH (Paris, 1905).

Saint-Girons-Lérida[1] et, au nom du Comité du Transpyrénéen central, déposèrent les conclusions suivantes :

« Nous demandons la ratification de la convention franco-espagnole du 18 août 1904, mais sous la condition formelle que par un acte diplomatique annexe, M. le ministre des Affaires étrangères obtienne de l'Espagne la détermination d'une date fixe (cinq ans après la ratification de la dite convention) pour le point de départ du délai de dix ans, durant lequel le Transpyrénéen, par Salau, devra être construit et achevé. »

De part et d'autre de la frontière, cette ligne était très ardemment désirée[2]. En Espagne, les Catalans se montraient très favorables. On vit, à Tremp, en octobre 1904, 5,000 assistants répondre à l'invitation de 80 municipalités, y compris celle même de Barcelone, pour manifester en faveur de cette ligne[3]. M. le comte Bégouen y représenta l'Ariège avec MM. Souquet et Escaich.

De nouvelles négociations, engagées au sujet de la ligne Saint-Girons-Lérida, aboutirent au protocole additionnel du 8 mars 1905, par lequel l'Espagne s'engage à construire, dans un délai maximum de dix ans[4], la section Lérida à Sort, de la future ligne Saint-Girons —Lérida, dont l'achèvement se trouve ainsi reporté à un délai maximum de vingt ans, au lieu du délai indéfini qui résultait de la convention de 1904.

Assurément, cette ligne ne procurera pas, elle non plus, un raccourci bien considérable. Si l'on considère Carthagène comme pouvant être un point d'aboutissement de la ligne, on ne gagnera de Paris à ce port, comparativement à la voie la plus courte,

---

[1] Une délégation ariégeoise envoyée, en mai 1884, auprès des membres de la Commission internationale des Chemins de fer transpyrénéens, avait exposé de même les nombreuses raisons qui militent en faveur de l'établissement de la voie internationale par Saint-Girons et Lérida. Cette délégation était composée de MM. Sentenac et Massip, députés, et de MM. Trinqué, Cruls-Gasparin et Bordes-Pagès. Voir : *Mémoire présenté à Messieurs les Membres de la Commission internationale des Chemins de fer transpyrénéens, au nom de la Délégation ariégeoise* (Paris, 1884, in-4°).

[2] Comte Bégouen. *Le Transpyrénéen par la vallée du Salat, état actuel de la question* (Toulouse, 1904).

[3] Voir les articles de M. le comte Bégouen dans : *Le Télégramme*, Toulouse, 11 octobre 1904, et *Saint-Girons Journal*, 16 octobre 1904. — Voir aussi : *Notre Marché* (Aurel), 3 décembre 1904.

[4] Au nom des vœux précédemment formulés par le Comité du Transpyrénéen central.

qui passe par Neussargues et Port-Bou, que 88 kilomètres. Il
est d'ailleurs douteux, étant donné le mauvais profil de la ligne,
qu'on ait intérêt à y passer ; il en est, à cet égard, de cette ligne
comme toutes celles que l'on voudra ouvrir à travers les Pyrénées centrales.

Quant aux difficultés techniques à vaincre, elles seront à peu
près les mêmes que pour la ligne d'Oloron à Jaca : un tunnel de
8,800 mètres au lieu de 7,800, mais s'ouvrant de l'un et de l'autre côté à quelques mètres plus bas ; puis un souterrain hélicoïdal
d'environ 1,700 mètres de longueur.

On a pensé que cette ligne pourrait, par Carthagène, servir à
mettre la France en communication plus directe avec l'Oranie et
le Maroc ; mais, comme nous l'avons déjà dit, nous n'avons ni
avantage ni intérêt à créer cette concurrence à Marseille. En ce
qui concerne les relations entre Carthagène et Paris, elles ont
été jusqu'ici excessivement restreintes.

En réalité, la ligne n'aura d'autre résultat que de faciliter les
rapports de Toulouse avec la région de Lérida[1], mais c'est pré-
cisément dans des relations locales bien assurées, qu'un Transpyrénéen peut trouver sa véritable raison d'être. Il se peut que
Lérida ne donne lieu, pour le moment, qu'à un courant d'affaires
très restreint ; mais toute la région est riche, et le commerce ne
peut que s'y développer. Contrairement à ce qu'on a prétendu, la
vallée du Noguera-Pallaresa est un pays d'avenir, où l'agriculture est florissante, où les forêts fournissent d'importantes réser-
ves[2], où le sous-sol est d'une grande richesse en produits miniers
de toute sorte, fer, cuivre, manganèse, charbon, argent,
plomb, etc., toutes choses qui n'attendent que la voie ferrée
pour être exploitées ou mises en valeur[3].

Les minerais de fer du Noguera-Pallaresa ont été regardés, au
double point de vue de la qualité et du bon marché, comme par-

---

[1] *Rapport* de M. JANET, p. 28.

[2] Voir : *Une exploitation forestière moderne dans les Pyrénées à Salau-
Bonabé, frontière espagnole*, par R. IMBERT (*Association française pour
l'avancement des sciences*, Congrès de Montauban, 1902.)

[3] Ch. DECOMBLE : *Chemins de fer projetés à travers les Pyrénées centrales*,
p. 467 et suiv. — PRATS Y CORNELL : *Chemin de fer du Noguera-Pallaresa*,
p. 25. — Comte BÉGOUEN : *Les chemins de fer transpyrénéens*, conférence
a la *Société de Géographie de Toulouse* ,20 novembre 1904.

ticulièrement favorables aux grandes forges du notre région du Midi[1].

Le vignoble des bassins du Noguera-Pallaresa et du Sègre atteindrait, sans nul doute, et très vite, un grand développement si on lui procurait un débouché, et aucun débouché ne serait mieux partagé pour le transport des vins que celui de Saint-Girons à Lérida[2].

Les fruits et les primeurs de toute espèce de Valence et de Murcie, qui n'arrivent que difficilement dans le nord de l'Europe, pourraient trouver aussi une voie de transport plus facile qui les rapprocherait de Paris.

Enfin, cette ligne, comme d'ailleurs toute ligne centrale, serait un chemin plus court pour beaucoup des baigneurs que l'Espagne envoie vers nos stations thermales des Pyrénées.

Aboutissant à Toulouse, qui occupe le centre de l'une des régions les plus riches et les plus industrielles du Midi de la France, la ligne de Saint-Girons à Lérida sera suivie par toutes les marchandises que l'Espagne tirera de cette partie de la France. De Toulouse, la ligne sera en communication directe avec Paris.

Les évaluations données pour la recette kilométrique ont toujours été plus élevées pour cette ligne que pour celle d'Oloron-Jaca. En 1880, on parlait de 28,000 francs. La Commission de 1893 a réduit ce chiffre à 13,000 francs. Son trafic serait fatalement diminué si on créait la ligne d'Ax-Ripoll.

Les avantages économiques considérables que Toulouse peut attendre de cette ligne doivent la mettre au premier rang tant au point de vue général qu'au point de vue local, et maintenant que l'on est assuré de la construction de la section espagnole de Lérida à Sort, c'est sur ce Transpyrénéen que l'on doit porter tous ses efforts.

.·.

En résumé, les Transpyrénéens ne semblent pas appelés à être des lignes mondiales ; ils ne fourniront pas davantage une

[1] Ch. Decomble, p. 490.
[2] Ch. Decomble, p. 491.

ligne plus avantageuse Paris-Madrid, mais ils peuvent présenter pour le commerce régional des avantages très notables, et à ce titre, servir les intérêts généraux des deux pays.

Bien que les tracés transpyrénéens ne puissent être, au début du moins, des lignes productives, la Commission de la Chambre des députés a pensé avec raison qu'on ne pouvait laisser plus longtemps sans solution une question posée depuis un demi-siècle. Les rapports commerciaux, comme le dit le rapporteur, sont les meilleurs gages de l'entente de deux peuples dans le domaine de la politique extérieure, et si un jour s'abaissent les barrières douanières qui, depuis quinze ans, séparent les deux pays, on s'applaudira d'avoir créé des instruments propres à favoriser leur pénétration économique réciproque.

Mais le but poursuivi paraît devoir être beaucoup mieux rempli par un Transpyrénéen que par trois, pour le moment du moins. C'est à celui de Saint-Girons—Lérida qu'il faut donner la préférence, et il serait à souhaiter de voir achever dans un délai encore plus abrégé la construction de la section espagnole de Lérida à Sort. La ligne Oloron-Jaca ne devrait être acceptée qu'en second lieu, et si l'Espagne en fait une condition absolue de la convention. Quant à la ligne Ax-Ripoll, il n'y a qu'à l'abandonner entièrement. Il appartient au Sénat de se prononcer et de demander une revision de la convention en ce sens.

Gustave REGELSPERGER.

Cet article avait paru lorsque le 4ᵉ Congrès du Sud-Ouest navigable, réuni à Béziers les 24, 25 et 26 novembre 1905, après avoir entendu les communications de MM. Begouen et Juppont, a, sur la proposition de M. Juppont, inspecteur des Arts et Manufactures, voté le vœu suivant :

« Que le Sénat repousse la ratification de la convention du 18 août 1904 et s'en tienne, pour les voies principales, aux lignes de Saint-Girons à Lérida et d'Oloron à Huesca par Canfranc, prévues aux conventions antérieures de 1885 et de 1894, et que l'exécution de ces travaux soit entreprise dans le plus bref délai.

« Subsidiairement, que des Transpyrénéens à voie d'un mètre, sans limitation de rampes et de rayon de courbe, puissent être exécutés dans les autres vallées pyrénéennes, de façon à se raccorder en France et en Espagne aux réseaux en voie d'exécution ou projetés à voie d'un mètre, pour mettre la montagne en valeur et permettre le développement du tourisme, et constituer ainsi un réseau sous-pyrénéen homogène qui constituera un affluent des grands réseaux français et espagnols ».

On remarquera que ce vœu est entièrement conforme aux conclusions que nous avons formulées, car ce qu'il demande au Sénat, en refusant de ratifier la convention du 18 août 1904, c'est d'écarter définitivement la ligne Ax-Ripoll et de maintenir seulement les deux autres.

G. R.

REVUE POLITIQUE
ET PARLEMENTAIRE

Fondateur : Marcel FOURNIER

Directeur : Fernand FAURÉ

63, *Rue de l'Université*, 63. — *PARIS (VII*e*)*

ABONNEMENTS :

France : un an. **25** francs ; six mois. **14** francs.

Étranger et Union Postale : un an. **30** francs ; six mois. **16** francs.

Toulouse. — Imp. Adolphe TRINCHANT, rue d'Aubuisson, 27

REVUE POLITIQUE

ET PARLEMENTAIRE

Fondateur : Marcel FOURNIER

Directeur : Fernand FAURÉ

63, Rue de l'Université, 63. — PARIS (VIIe)

ABONNEMENTS :

France : un an, **25** francs ; six mois, **14** francs.

Etranger et Union Postale : un an. **30** francs ; six mois, **16** francs.

www.ingramcontent.com/pod-product-compliance
Lightning Source LLC
LaVergne TN
LVHW021652170726
843501LV00007B/2512